cf. Loÿs d'Angoll, Une carte géographique inconnue du vignoble bourguignon au XVIIIe s.
Dijon, 1916
4° Fr. 2114 pièce

incomplet de la carte
Un autre ex. au Brit. Mus.

DISSERTATION SUR LA SITUATION DE LA BOURGOGNE

SUR LES VINS qu'elle produit, sur la maniere de cultiver les VIGNES, de faire le VIN, & de l'éprouver ; sur les qualitez, finesse, couleur, & durée des differens VINS que produit la cote de Beaune avec le nom de tous les bons coteaux gravés exactement dans une carte Geographique des Collines de la haute *BOURGOGNE* ; sur la facilité d'avoir de ces VINS, a qui il faut s'adresser pour cela, deux moyens pour les faire venir à LONDRES sans alteration & a bon marché, le tout precedé d'une Ode Latine qui fait l'eloge du VIN de Volnet adressée a un des plus sçavants Hommes de l'EUROPE, avec la COPIE de la LETTRE que ce sçavant envoya a l'AUTEUR d cette *ODE* & de cette *DISSERTATION*.

Par Mr. ARNOUX, *Precepteur de Mss. les Fils de* J. FREEMAN, Esq.

Modicus sed Unicus.

A LONDRES:
Imprimé chez SAMUEL JALLASSON, en *Prujean's Court, Old Baily*, & se vend chez P. du NOYER, a la *Tête d'Erasme*, & chez N. PREVOST, vis a vis *Southampton-Street* dans le *Strand*. M.DCC.XXVIII.

CLARISSIMO DOMINO,

DOMINO

CULTURIO,

Regiorum Numismatum Socio, nec non in Collegio Regio *Parisiensi* Eloquentiæ Professori, pluries *Parisiensis* Academiæ Rectori, plures Vini Volnei lagenas mittebam & sic canebam Anno Dom. 1725.

ODE.

SORS Grata Vobis ! ite superstites,
Belnensium Vos, Glòria Montium :
Et Versibus suavem, lagenæ,
Dicite CULTURIO salutem.
Si multa possunt magnaque Rhetores,
Et si Poetæ dulce canunt, mero &
Unguntur : altâ namque Vatum
*Mente manet monitum * Cratini.*

* Prisco si credis, Mecœnas docte, Cratino,
Nulla placere diu, neque vivere carmina possunt.
Quæ scribuntur aquæ potoribus. Horat. lib. 1. Epist. 19.

 Fæ-

Fœcundus atram ſollicitudinem
Bacchus repellit, diſſipat & metus,
Effertque labentem Senectam,
Militibus dat & arma pigris :
Mentemque, & artus reddimus integros,
Curas edaces vertimus in jocos,
Mendoſa prorſùs ſunt beatæ
Signa aliundè petita vitæ.
Plus potus æquo fulmina Juppiter
Vibrat, ſerenum turbat & æthera
Nigris procellis, & tonitru
Incutiente Viris pavorem.
*Conviva cœlis & * Lodoix merum*
Sive ore nectar purpureo bibit ;
Eſt illa merces tot laborum :
Anne Diis alia eſt voluptas ?
Natas in uſum ſuſcipe Nos tuum,
Quales Inacchus Volneus excolit ;
O parte ab omni Nos beatas
Ambroſiis labiis bibendas !
Facunde, cujus nil animum fugit
Arcanum in annis, tempora, CULTURI,
Denſis tenèbris involuta
Arte tuâ ſubitò innoteſcunt.
Si delicato naſcimur in ſolo,
Ex hinc meremur mellifluo bibi
Ex ore, quo manant & artes,
Et documenta ſcientiarum.

* Ludovicus XIV. paulo antè obierat.

Fun-

Fundemur anno largiùs altero
Te coram, amicâ ſuſcipe Nos manu;
Sis ſempiternum ſis Alumni
Præſidiumque, decuſque noſtri.

COPIE DE LA LETTRE DE *Mr. de L'ABBÉ* COUTURE,

A l'Auteur de cette ODE.

Au College Royal, 14 *Mars*, 1715.

J'AY recû, Mon cher Monſieur, les bouteilles que vous m'avès fait l'honneur de m'envoyer. Je ne vous dis encore rien de la liqueur qu'elles contiennent, mais je ne ſçaurois vous taire ce que je penſe des vers qui les accompagnoient. Je les trouve fort beaux & au delà de mon merite. Nous en raiſonnerons enſemble a nôtre premiere en-

entrevüe. Cependant recevès s'il vous plait mes très humbles remercimens de vôtre double present, & soyés bien persuadé de ma reconnoissance & de l'attachement avec lequel je suis,

Mon cher MONSIEUR,

Vôtre très-humble & très-obeïssant serviteur

COUTURE.

DIS-

DISSERTATION
SUR LA
SITUATION,
DE
BOURGOGNE,
Et ſur les
VINS quelle produit, &c.

LA ville de Beaune eſt le Centre de la haute Bourgogne, elle eſt ſituée dans le terroir le plus fertile, & ſous le ciel le plus ſerein de cette contrée ; elle eſt toute environnée de villes, dont les moins eloignées ſont Autun ancienne capitale des Gaules, * Dijon capitale du Duché du Bourgogne, Nuis, St. Jean de Laune, Verdun, Seurre ou Bellegarde, Châlon ſur Saône, Arnay le Duc, Saulieu, Flavigny, & Semeur. Beaune ne ſemble être placée au milieu de toutes ces villes, qui n'en ſont éloignées que de 8, 9, 12, 21, a 24, mille au plus, que pour être la nourice de preſque toutes, en leurs diſtribuant abondamment les liqueurs quelle produit.

Tous les ſçavants conviennent unanimement que Beaune eſt l'ancienne Bibracte, dont il eſt parlé dans les Commentaires de Cæſar en ces termes, " Poſtridiè ejus " diei, quod omninò biduum ſupererat, " cum exercitui frumentum metiri oporteret, & quod à Bibracte oppido Heduorum longé maximo, ac copioſiſſimo non " amplius millibus paſſuum octodecim ab- " erat, rei frumentariæ proſpiciendum exiſtimavit, iter ab Helvetiis avertit, ac Bi- " bracte ire contendit.

Cæſar n'ayant plus que deux jours pour faire diſtribuer du blé a ſon armée,

* *J'ay marqué un Eveſché a Dijon dans la Carte cy-jointe, c'eſt que Mr. le Duc Gouverneur de Bourgogne pendant ſon miniſtère l'a honorée d'un Eveſque, & pour dedomager l'eveſque de Langres de la perte de cette grande ville, il luy a aſſigné une Abaye de grand revenu pour toujours. Mr. Boyer en eſt premier Eveſque; Mr. le Duc a demembré auſſi la moitié de l'univerſité de Beſanſſon pour la tranſporter en cette ville.*

&

& n'étant eloigné que de 13 mille au plus de Bibracte, ville des Heduens la plus grande, la plus riche, & la plus fertile, jugea a propos de s'y rendre pour y pourvoir aux munitions alimentaires de ses troupes, c'est pourquoy il quitta le chemin de la Suisse, & vint a Bibracte : Com. Cæs. lib. 1. de Bel. Gal.

Cesar dit ailleurs que Bibracte parmi les Celtes des Heduens est la plus grande, & la plus fertile Cité des Gaules, celle qui a le plus d'autorité parmi les Heduens, dans laquelle il assembloit le conseil de guerre, oû il donna des loix, & ou il passoit les quartiers d'hiver avec ses troupes ; il dit encore que cette ville est située au pied d'une colline, & qu'elle n'est pas eloignée de la ville d'Autun : tout cela se trouve vray tant par raport a la fertilité de son terroir, de sa Situation, & de sa distance d'Autun dont elle n'est éloignée que de 24 mille.

Cependant Bibracte ayant été le theatre de plusieurs guerres, ayant essuïé plusieurs sieges, Beaune fut bâtie sur ses ruines, & a tiré son nom de Bellone, parce que ses habitants avoient toujours été élevés dans la discipline militaire, & depuis en Latin se nomma Bellona & ensuite Belna. Les differentes guerres qui ont ravagé ce païs, n'y ont laissé aucun monument de cette antiquité respectable dont on voit de si beaux, & si precieux restes dans la ville d'Autun.

Qu'il

Qu'il me soit permis de faire icy une petite digression pour entretenir le lecteur des Antiquités que j'y ay vuës, pendant un long sejour que j'y ay fait.

Le plus beau morceau d'antiquité que que l'on y voit est un amphitheatre d'une assés vaste etendüe ; les traces & les vestiges usés par le tems, & qui subsistent encore dans un demi cercle qui en reste, portent bien un tiers de mille d'etendüe ; on y voit encore les cavernes où les lions, les tigres,& les autres bêtes feroces étoient renfermées, les restes des anciens murs de la ville y paroissent encore en partie, & montrent que l'enceinte de cette ville pouvoit bien porter six a sept mille de circonference ; la place qui est au milieu de la ville plus grande quatre fois que le quarré de St. James, où les troupes faisoient l'exercice des armes, & que l'on apelle le champ de Mars ; le tombeau de Divitiacus qui est une tour ronde, qui sort de la terre comme une masse informe, & qui tout à coup finit en se retrecissant par en haut ; cette masse qui n'a ny issuë ny éntrée, élevée sur une colline usée par le tems, ne paroit plus qu'un bloc, tant le sable la chaux & les pierres sont devenües un seul Tout par les pluïes & l'air qui les ont calcinées ; cette pyramide subsiste depuis prés de deux mille ans ; il reste encore de cette ancienne cité deux portes qui se sont roidies contre le tems qui consume tout ce que les mortels veulent

lent éterniser. L'une plus élevée sur quatre piles massives enrichies de bas reliefs & d'hieroglifes forme trois ceintres couronnés d'un rang d'architecture de pierres cannelées, qui sont toutes d'une hauteur extrême, sans qu'on entrevoye les jointures, ny le ciment qui les unit. On y voit encore la moitié du temple de Janus, le mont & la forêt des Druydes, le mont Joüy, autrefois mons Jovis : pour peu qu'on y foüisse la terre on y trouve des urnes & des medailles, même sous le soc de la charüe : mais revenons à la ville de Beaune.

Elle n'a rien de ces restes antiques, ny de ces froides reliques que l'air consume, & que le tems reduit en cendre ; elle ne se glorifie que par ses bons vins qui tous les ans donnent a ses citoyens de nouvelles richesses : cependant elle étoit il n'y a pas un siecle une place forte, elle est encore entourée d'un large fossé presqu'a fonds de cuve qu'arrose la riviere de Bourgeoise, qui prend sa source a un demi mille au pied d'une de ses collines, elle est ceinte d'un rempart flanqué de quelques tours & de cinq gros bastions : le fossé qui environne la ville porte plus d'un mille & demi de circonference : ses citoyens y Joüissent presque toûjours d'un air pur & d'un ciel serein : éloignée de cent lieües de la mediterranée, & de l'Ocean : ses eaux sont, pour ainsi dire, en balance, quand il s'agit de decider de leur cours ; il semble même qu'-

un

un étang de son voisinage qui se voit dans toutes les Cartes de France sous le nom d'étang de long-pendu, se soit opiniâtré a partager de ses eaux l'une & l'autre mer ; seroit-ce une reconnoissance de ce que peut être chacune a leur tour luy rendent par moitié la part du bienfait qu'elles en reçoivent ? chose admirable a voir ! La nature en luy, á peut-être donné aux François l'idée de la jonction des deux mers !

Cette ville peut compter quatorze a quinze mille habitants, dont le quart passent leurs jours a cultiver les vignes, un autre quart a exercer nonchalamment quelques professions qu'ils ignorent, & la moitié a joüir des plaisirs d'une vie molle, oisive, & delicieuse : la goute & les maladies sont bannies de ses murs : de ces côteaux qui produisent des vins si exquis sortent des fontaines de glace, & de petites revieres claires comme du cristal fondû ; ces eaux sortent de la terre en ligne opposée à la perpendiculaire, boüillonnant, & poussant hors de la terre en haut des globes de cristal de roche qui conservent leur figure Spherique, jusqu'a ce qu'ils soient parvenus a la superficie.

La pureté & la légereté de ses eaux font qu'on y mange le pain le plus léger & le meilleur de toute la France : le bétail n'y est ny si gros, ny si gras qu'en Angleterre, mais il y est d'un goût plus délicat : le gibier y est delicieux, sur tout celuy qui habi-

habite les collines, où il croiſt du thim & de la marjollaine, & dans quelques endroits du genêt ; & au mois de Septembre un petit oyſeau plus gros que la linotte, & plus petit que l'aloüette vient fournir aux habitants de ces côteaux le plus friand mèts qui ſe puiſſe ſervir ſur la table des Roix : c'eſt le Becafigue qui ſort des bois déſque le raiſin eſt mûr, ſe jette dans les vignes où il s'engraiſſe des grains de raiſins qu'il pique avec ſon bec fin & pointû, dont il ſuce la liqueur, & du jus deſquels il s'enyvre réellement. Cet Oyſeau vient dans les vignes petit & maigre, & peu de tems après ſa graiſſe s'ètend juſqu'a l'extremité de ſes ailes, de telle ſorte qu'il ne peut plus voler que de huit a dix pas á cauſe de la peſanteur du volume qu'il a acquis ſur les pampres de vigne, de ſorte que pour faire un vol plus leger, il faudroit qu'il ſuivit le conſeil q'Horace fait donner par la Belette a un Renard maigre qui par un trôu étroit étoit entré dans un grenier de blé

Macra cavum repetes arctum quem macra [*ſubiſti.*

Et que la Fontaine a traduit ainſi

Vous etes maigre entrée il ſaut maigre ſortir.

On pretend & je le croy, que ce petit oyſeau eſt le mèts le plus exquis qu'il y ait en Europe :

rope : J'en ay vû beaucoup en Angleterre, j'y en ay même tué par curiosité ; mais comme ils n'y trouvent pas la même liqueur & les mêmes aliments que dans la Bourgogne, ils n'en ont rien du goût.

Beaune est signalé par la magnificence de son hôpital que fonda, & que fit batir le Chancelier Rolin. Philippe le Bon Duc de Bourgogne ayant sçû qu'a son premier officier étoit echapée une si grande oeuvre de pieté & de charité se prit a rire & dit que, puisque son Chancelier avoit fait tant de pauvres pendant savie, il étoit juste qu'il les logeàt, & qu'il les nourit après sa mort,

Les collines de la haute Bourgogne, qui produisent le Vin, le seul Vin, qu'on puisse & qu'on doive apeller Vin de Bourgogne, ne s'étendent que depuis Dijon à châlon sur saône ; encore ne faut il compter ces vignobles pour la perfection, que depuis chambertin a chagny ; ce qui peut former vingt & quatre mille d'etendüe, car les vins de Dijon & de châlon ne sortent pas des climats qui les produisent pour être transportés dans la grande Bretagne, dans les cercles de l'Empire, & dans les païs bas, comme ceux qui sont renfermés dans les limites que je viens de marquer cy-dessus avec une grande précision, & sans apprehender aucune censure sur ce sujet.

Ce même rang de collines dans la même Situation, & au même aspect du soleil s'étend presque jusqu'a Lyon, & toutes ces pe-

petites montagnes ſont couvertes de vignes par tout, mais les terres étant moins fines & moins legères a Châlon, plus épaiſſes à Tornus, plus groſſieres a Macon, cela fait changer la forme des productions de ces côteaux, qui nonobſtant le même arrangement & la même Situation produiſent de ſi differentes liqueurs.

Toutes ces petites vallées enchainées les unes aux autres a l'aſpect du ſoleil levant font la figure d'un arc débandé, & ont a leur oppoſite un rang de montagnes de pareille figure, mais beaucoup plus élevées, qui ſemblent ſe reünir, quoi qu'elles ſoient eloignées de quinze, vingt, trente, même de ſoixante lieües, & qui formant une figure ovalle contribuent a la plus belle vüe du monde : Cette Ovalle doit avoir plus de cent cinquante lieües de circonſerence.

Depuis les collines de Beaune on voit toutes ces montagnes oppoſées, ce ſont celles de Suiſſe, de la Franche Comté, le Mont Jura dont parle Ceſar, apellé a preſent le mont St. Claude, celles de Savoye, par deſſus leſquelles dans un vuide affreux, & dans un éloignement immenſe, s'éléve le mont S. Bernard juſque dans les nuës toujours couvert de neiges dans les plus violentes chaleurs de la canicule, & qui quoi qu'eloigné de ſoixante & cing lieües de Beaune ſe voit diſtinctement ſans le ſecours d'aucun verre qui le raproche aux yeux des Spectateurs.

Cette

Cette Ovalle parfaite forme une plaine de la meme figure a laquelle ces montagnes qui l'environnent semblent servir de murailles & de remparts : cette vaste plaine est arrosée par la Saône, qne Cesar apelle *Arar*, & par le Doux, qu'il apelle *Alduasdubis* en ses commentaires, qui prend sa source au pied du mont Jura, passe par Besançon, par Dole, & se jette dans la Saône a Verdun ; Il y a encore mille autres petites rivieres & ruisseaux qui aprés differents tours vont perdre leur nom dans la Saône.

Cette plaine si étendüe, qui est comme le centre du continent, est si unie, que la Saône qui la parcourt trompe dans la lenteur de son cours les yeux de ceux qui la regardent, puisqu'on a peine a découvrir de quel coté coulent ses eaux ; Cesar en fut surpris luy même, & c'est ainsi qu'il en exprime sa surprise dans le livre 1. de ses Com. " Flumen est Arar, quod per " fines Heduorum, & Sequanorum in " Rhodanum influit incredibili lenitate ; " ita ut oculis in utram partem fluat, ju- " dicari non possit." La Saône est une riviere, qui separant les Heduens d'avec les Sequanois (à present la Bourgogne d'avec la Franche-Comté) se jette dans le Rhône d'une lenteur si incroyable, qu'on ne peut avec les yeux discerner de quel coté coulent ses eaux."

C'est

C'est dans cette vaste plaine si fertile & si unie, que tous les Roix de France font assembler leurs armées, lorsqu'ils veulent donner le spectacle du campement de toutes leurs troupes aux Reines, & aux Dames de leur Cour.

Derriere le premier rang de coteaux qui produisent de si bons Vins, & dont vous voyez la figure exacte dans le plan cy joint, l'on ne trouve plus que des montagnes & des vallées ; les moins eloignées de ces coteaux sont aussi toutes plantées de Vignes, & ces climats s'apellent arrières côtes ; dans les années que le soleil fait le plus sentir sa chaleur, & que les pluïes sont moins frequentes, les raisins y font un Vin très bon : mais il n'a jamais le parfum des Vins que produisent les premiers coteaux.

La Plaine de cette Ovalle est en partie couverte de Vignes, fertile en toute sorte de grains, embellie de vastes prairies, ou mille ruisseaux se jouient par leurs differents dètours, ornées de belles forêts habitées de cerfs de sangliers & sur tout de chevrevils qui y sont delicieux, ce qui foürnit agreablement aux Seigneurs le divertissement de la chasse ; une grande partie de ces terres sont plantées d'arbres à plein ou à grand vent qui produisent sans culture des fruits excellents, desqu'ils ont eté greffés cela suffit, le soleil & la terre font le reste ; les pêchers sur tout qui simpathisent avec la

Vigne y font fur les côteaux une forêt claire, & les branches de ces arbres étant éparfes, & les feuilles en étant etroites & peu touffuës, elles n'empechent pas le foleil de repandre fur le raifin fes rayons, qui le meuriffent : les pêches qu'ils produifent font d'une figure & d'une couleur qui ne préviennent pas en leur faveur ; Cependant quand on en goûte il femble au Palais que c'eft un fruit formé de Vin & de Sucre.

Il ne faut pas oublier que défque le foleil s'eleve fur les montagnes de Savoye, il a en perfpective les côteaux de Bourgogne, qu'il Brûle pendant tout le jour, & qu'en fe couchant derriere les collines de Beaune, il darde fes rayons fur les montagnes de la Franche Comté qui luy font oppofées, & qu'il y meûrit en fe couchant de très exellents vins, comme ceux d'Arbois, qui font fi connus par toute l'Europe par leurs exellentes qualités.

Avant que de parler de la qualité des Vins de Beaune, il feroit bon de donner une idée de la maniere dont on y cultive les vignes, & dont on y fait le Vin : car quoique la Bourgogne par la bonté de fon terroir & de fon expofition au foleil levant produife naturellement de delicieux raifins, toutefois la façon dont on y cultive la vigne, & dont on y fait le Vin y contribue beaucoup.

Pendant l'Hiver les vignerons s'occupent a examiner la terre des Vignes, & par quel-

quelques tombereaux de terre bien reposée qu'ils y font transporter, ils engraissent les endroits qui paroissent être alterés, & qui semblent avoir besoin de secours pour mieux produire le raisin. Ce qui n'arrive que très rarement; ensuite ils considerent les places qui sont vuides de seps: Soit que par la vieillesse ils soient en caducité, soit qu'ils ne leurs paroissent pas propres a pouvoir produire le raisin; dans ces places vuides, ils y font des fossés larges d'un pied & demi sur deux & demi de long, & d'un pied de profondeur, si le terroir est trop maigre ils y mettent un demi pied de bonne terre, & quelquefois un peu de vieux fumier bien pourri, mais generalement parlant ils n'y mettent rien du tout, & prenant un ou deux pampres du plus prochain sep sans les couper, ils les courbent dans chacune de ces fosses, qu'ils recouvrent ensuite entierement avec de la propre terre de la Vigne, de telle maniere qu'on voit les deux bouts du pampre courbé sortir hors de la terre; sçavoir celuy par lequel il tient au sep, & celui de l'autre extremité qui sort de la fosse où on les à courbés environ de trois ou quatre doigts; ils font de ces fosses une grande quantité dans les Vignes, afin qu'elles soient toûjours rajeunies, & qu'elles produisent beaucoup plus de raisins; car il faut remarquer que ce pampré courbé en demi cercle dans cette fosse, qui est un sarment de l'année

 pré-

précedente ayant les pores très ouverts, prend deux ſortes de nouritures ; l'une du ſep auquel il eſt attaché, & l'autre de la foſſe où il a été courbé dans la quelle il prend racine ; c'eſt là ce qu'on apelle Provins. Ils donnent une grande abondance de raiſins qui ſont ordinairement precoces, bien nourris, bien faits, & de bon goût : mais leur liqueur n'eſt pas ſi bonne que celle des raiſins de la vieille vigne ; la raiſon phiſyque eſt que le ſuc nouricien ne ſe filtre pas ſi bien en paſſant par ces Provins, dont les pores ſont tout ouverts, qu'en paſſant par les pores de la vieille Vigne qui ſont plus ſerrés & moins ſpongieux.

On bêche ordinairement la Vigne trois fois l'année, c'eſt ſur la fin de fevrier ou au commencement de Mars que ſe donne le premier coup, & c'eſt en ce même mois de Mars ou ſur la fin de Fevrier que ſe taille la Vigne. C'eſt icy ou conſiſte l'adreſſe & la ſcience du Vigneron : car il faut qu'il faſſe un juſte choix des pampres qu'il faut tailler, & du noeud ou il doit couper ſon ſarment, comme auſſi de celuy qu'il faut entierement retrancher. Voicy ceque j'ay vû pratiquer aux vignerons. De quatre ou cinq ſarments, rejettons de l'année, attachés a la même ſouche ou au même ſep, ils n'en laiſſent qu'un ou deux des mieux faits qu'ils coupent ou au troiſiéme, ou au quatriéme noeud tout au plus ; ce qui ſe pratique ainſi pour les Vignes de la côte

qui

qui produiſent les Vins les plus fins ; car pour les Vignes de l'arrière côte, ou de la Plaine, on les coupe au ſecond ou au premier noeud, parce que ces Vignes là ne pouſſent que trop de ſarments : mais comme c'eſt un Art dont il ſeroit difficile de donner des preceptes a cauſe que la maniere de tailler les Vignes eſt differente ſuivant le terroir, la Nature de la Vigne, ſa Qualité & ſon Expoſition, & Proximité du Soleil, je continuerai ma Diſſertation.

Quand la Vigne eſt taillée, on y plante les echalas auxquels a la hauteur d'un demi pied de terre on attache les pampres de Vignes d'une maniere rampante & orizontale, enſuite quand les Bourgeons ſe ſont epanoüis, & qu'ils ont pouſſés des jets de la longueur d'environ un pied & demi, on les accole, c'eſt-a-dire, qu'on les attache pluſieurs enſemble avec l'echalas qui ſoutient le ſep qui les a produit. Ces echalas ou paiſſeaux de la hauteur de trois a quatre pieds & de la groſſeur d'un pouce ſont picqués en terre ſans aucun arrangement & ſans ordre, a la diſtance d'un pied, ou plus ou moins, les uns des autres ; ſuivant que la Vigne eſt plus ou moins garnie de ſeps ; cependant le bout des ſarments qui y ſont attachés orizontalement, ſi cela ſe peut dire, regarde chacun du même côté.

Cette maniere de planter les echalas ſans ordre eſt d'une grande conſequence ; c'eſt

que

que par là aucun pampre ne peut en couvrir un autre de ſon ombre que pendant très peu de tems, & que ſi la pouriture ſe mettoient a quelques grappes, elle ne pourroit pas ſe communiquer aux autres. Cette maniere eſt oppoſée a celle des Anglois qui plantent leurs Vignes en hayes, & il arrive que l'une empêche le Soleil de luire ſur l'autre, & par conſequent cela nuit a la maturité du raiſin.

C'eſt là ſaiſon la plus dangereuſe pour la Vigne & la plus delicate ; deſqu'il vient un vent de Nord & qu'il ſe fait une petite gelée blanche ; ſi le Soleil vient a paroitre le matin il ſeche & brûle toutes ces jeunes feuilles, les Bourgeons, & les Raiſins de la même maniere que ſi le feu y avoit paſſé: C'eſt pour cela qu'en Bourgogne la frayeur fait recourir aux prieres dans ces tems là plus qu'en tout autre, & que, deſqu'il y a des nuits calmes & froides, les Payſans ſuperſtitieux courent dans les Egliſes, ou ils ſonnent les cloches de toutes leurs forces, s'imaginant, ou que Dieu a égard a cette oeuvre de Religion, ou que l'agitation qu'elles font dans l'air peut en quelque façon rechauffer l'air ou faire changer le Vent ; Quoi qu'il en ſoit, on y ſonne les cloches en cette ſaiſon de telle maniere qu'on n'y peut dormir ; pendant quoy les Prêtres & les moines ſont occupés a reciter dans les Egliſes la Paſſion de Nôtre Seigneur ſelon l'evangile de St. Jean,

&

& pour cette occupation ils ſont une quêſte dans tous les preſſoirs dans le tems qu'on fait le Vin, & chaque Vigneron eſt obligé de leur donner une certaine quantité de Vin, & cela par arreſt du Parlement de Dijon.

Quand la Vigne a evité le fléau de la gelée, on bêche de nouveau, & cela s'apelle biner la Vigne ; après quoi le raiſin devient bientôt en fleurs ; ce qui repand une très ſuave odeur dans toutes les campagnes ; & c'eſt en ce tems que tous les Vins, qui ſont dans les tonneaux dans les caves les plus profondes, s'ils ſont ſur leur lie ſans être tirés au clair, travaillent, s'agitent, & ſe troublent, & couvrent leur ſuperficie de petites fleurs blanches comme la neige, choſe aſſez difficile a expliquer aux Philoſophes dans cette queſtion de Phiſique ou ils demandent *utrùm detur actio in diſtans*.

Il faut remarquer que toutes les Vignes des bons côteaux de Bourgogne paſſent de leurs fleurs au grain de raiſin, c'eſt-a-dire, que la fleur des raiſins ſe change en grains dans l'eſpace de vingt quatre heures, & que ſi dans ce tems il ſurvenoit un brouillard froid, ou une pluïe froide cette fleur, aulieu de ſe changer en grain, tomberoit ; & ce ſecond peril gueres moins dangereux que le premier, quand il arrive, le terme dont on ſe ſert pour l'exprimer, c'eſt de dire que les Vignes ont coulé.

La fin du mois de Juin, ou le commencement de Juillet est la saison a la quelle le raisin change sa fleur en grain, la Vigne n'a plus rien a craindre que la grêle ou la trop grande sêcheresse ; aussi désque les vignerons voyent la moindre nuée s'élever sur l'Orizon, & que l'air semble menacer du moindre orage, ils ont recours a leurs cloches, & les Prêtres a leurs patenôtes, qu'ils ne recitent, que dans la crainte que le peuple ne s'emût contre eux au cas qu'il tombast de la grêle pendant qu'ils ne seroient pas a cet exercice de prieres.

La raison pour la quelle on craint si fort la grêle en Bourgogne, c'est que la vandange est toute la ressource des Habitants, & que les raisins frapés de ce fléau donnent au Vin qui en sort le même goût & la même odeur, que repand le foudre dans les endroits ou il tombe ; Odeur qu'il est impossible de luy oter.

Quant a la sêcheresse : ce n'est ny aux cloches ny aux Prêtres qu'ils ont recours, mais a un ou deux bustes de pierre honorés dans deux villages a sept a huit mille de la ville de Beaune, dont l'une de ces idoles est connüe & reverée sous le nom de St. Reverien, & l'autre sous le nom de Ste Marguerite. On s'assemble alors & on và en procession chercher en triomphe ce morceau de pierre qu'on aporte solemnellement a la ville dans un Temple : Là tous ces Prêtres en procession, suivis des Paroissiens

ſiens dont ils ſont Curés, vont luy offrir leur encens & leurs prieres, & frotter leurs livres & leurs chapelets contre ces figures extraordinaires ; & ſouvent il arrive qu'il vient de la pluïe dans cette conjoncture, ce qui ne contribuë pas peu a entrenir ces peuples dans leur ſuperſtition.

C'eſt au mois de Juillet qu'on bêche la Vigne pour la troiſiéme fois, cela s'apelle tiercer. Il y à bien des années auxquelles on bêche quatre fois les Vignes, & c'eſt au mois d'Aouſt que ſe donne ce quatriéme coup de bêche, mais on ſe donne bien de garde de la bêcher quatre fois quand la ſaiſon eſt trop chaude & trop ſêche ; au contraire: pour garantir le raiſin des ardeurs du Soleil on laiſſe croître des herbes dans les Vignes ; cela les met a l'ombre & empeche les vapeurs de la terre de brûler le raiſin.

Un mois avant la vandange les Magiſtrats de Beaune, accompagnés de pluſieurs connoiſſeurs pleins d'experience & de probité, font trois viſites exactes pour examiner la maturité des raiſins, & dans la troiſiéme viſite & troiſiéme examen on decide du jour de la vandange ; aucun particulier ne peut couper dans ſa propre Vigne un panier de raiſin ſous peine de confiſcation, & d'une amende conſiderable, parce que s'il etoit permis a chaque particulier de vandanger ſes Vignes ſuivant ſa fantaiſie & ſon opinion particuliére, il ſe pourroit faire que

cha-

chacun ſuivant ſon goût, on feroit des Vins qui feroient trop verds, & qui étant envoyés dans les païs étrangers pourroient des honorer la Bourgogne & decrediter ſes Vins : Crainte même qu'aucune vapeur ne ſe repande ſur les Vignes, quinze jours avant la vandange on defend de brûler des pailles & des chenevottes dans les ruës, depeur que cette fumée toute legere qu'elle eſt ne pût donner quelque mauvais goût aux raiſins, auxquels elle pourroit s'attacher.

Les raiſins étant parvenûs au degré de maturité convenable, les Magiſtrats font avertir peu de jours, auparavant par le Trompette de la ville du jour arreté & fixé pour la vandange : Volnet commence le premier un jour avant Pomard, enſuite tous les côteaux ſe vandangent indifferemment, car déſque la ville de Beaune à vandangé un ſeul jour, la vandange eſt ouverte pour tous les autres vignobles de la côte de Bourgogne. On verra dans la ſuitte pourquoy Beaune décide de la vandange de Volnet & de Pomard. Il eſt difficile a croire que tous ces côteaux, depuis chambertin juſqn'a Chagny, ſoient vandangés dans l'eſpace de quatre a cinq jours, auſſi n'eſt il pas croyable, combien il vient de peuple des montagnes, & de tout côté pour travailler a cette recolte. Il ſe vandange peut être, (& ma conjecture eſt fondée ſur plus de vingt cinq vandanges, que j'y ay

vû

vû faire) plus de vingt mille queües de Vin sur ces collines, & la queüe, qui est toujours separée en deux poinçons, quelquefois en quatre feuillettes, & très rarement en huit cabillons, contient cinq cens bouteilles de Vin, ou pour parler plus juste, quatre cens quatre vingt pintes mesure de Paris.

Il seroit a propos de dire icy que dans toute cette grande etenduë de vignobles il ne crôists qu'une seule espéce de raisins, qu'on apelle Noirins, dont les grains sont noirs étant meûrs & tout ronds ; la plaine & les arrieres côtes ne produisent qu'un raisin dont les grains sont plus gros & ronds un peu en long, qu'on nomme Gamés.

Ceux qui veulent faire d'exellents Vins ne font jamais couper le raisin, que le soleil n'ait sêché la rosée, qui y est tombée pendant la nuit ; parceque cette humidité, quoique ce ne soit qu'un air rarêfié, refroidit le raisin qui étant jetté dans la cuve le premier suspend & empesche quelque fois la fermentation. Pour les personnes avares, qui aiment mieux la quantité que la qualité, n'ont pas toutes ces attentions ; d'ailleurs ceux qui veulent faire d'exellens Vins ne mettent dans la même cuve, que les raisins d'une même Vigne ; mais présque tous les particuliers ayant des arpens de Vigne en differens cantons, mêslent les raisins des uns & des autres pour que le fort l'emporte sur le foible, & que le bon corrige le moins bon, en un mot pour rendre leur cuvée plus nombreuse & plus grosse : voila avec le choix des Cantons d'ou sortent les vins le discernement que les Courtiers ou commissionnaires doivent aporter, lorsqu'ils goûtent des Vins qu'ils veulent envoyer dans les païs étrangers, & ce que les Seigneurs Anglois doivent recommander a leurs commissionaires qui leurs fournissent leur boisson.

Le raisin étant jetté dans la cuve boüillonne, & pousse a gros boüillons de vives ecumes, qui par leur agitation font aux oreilles par un continuel frémissement un petit cliquetis, & répandent une odeur capable d'enyvrer qui embaûme les maisons, & qui se repand par toute la ville : on ne laisse pas dans la cuve le raisin oisif ; on l'agite, on le tourmente, les ouvriers le foulent vivement jusqu'a trois reprises differentes pendant plus de deux heures chacune ; & pour donner une idée claire de la maniere de fouler le raisin dans la cuve : Aussitôt que le raisin commence a boüillir dans la cuve, on le foule pendant deux heures au moins ; six heures aprés on le foule de nouveau pendant autant de tems ; & six autres heures aprés, on le foule pour la troisiéme fois, ensuite on le mét sur le pressoir.

Il faut remarquer que les raisins de Volnet, de Pomard, & de Beaune, désqu'ils sont dans la cuve boüillent sur le champ ; c'est ce qui fait qu'on ne peut les y laisser

plus

plus de douze a dix huit heures, ceux de de Pomard un peu plus, ceux de Beaune un tant soit peu d'advantage suivant la delicatesse du terroir, & la chaleur des raisins : car il y a des vignobles derriere les collines de Beaune, dont les raisins ne commencent a boüillir, qu'apres huit a dix jours de cuve. Notez encore, que pour donner la couleur au Vin, cela depend du plus, ou du moins de tems, qu'on le laisse dans la cuve : pourquoy par exemple les Vins de Volnet ont ils la couleur d'oeil de perdrix ? C'est qu'on ne laisse, & qu'on ne peut laisser les raisins de ce terroir que très peu de tems dans la cuve ; & que si on les y laissoit séjourner un peu plus qu'il ne faut, le Vin n'auroit plus sa delicatesse, & sentiroit la grappe ou le sarment auquel les grains sont attachés.

Désque le raisin a été, suivant sa qualité, plus ou moins de tems dans la cuve, & qu'on la foulé, il surnage par dessus une liqueur qu'on apelle surmôu; on à des tonnneaux de six vingt pots, ou des feuillettes de soixante pots rangées sur des chantiers, dans lesquels par égale portion on jette cette premiere goûte, ensuitte on mét sur le pressoir les grappes qui sont restées, quand le surmôu a été tiré ; Lors qu'on les a bien pressées, toute la liqueur qui en sort se distribuë également sur les pieces, où on à dèja mis la mere goûte ; l'on desserre le pressoir, ensuitte avec une doloire on coupe de trois ou quatre doigts d'épaisseur autour du marc pressé, & on jette les rognures dans le milieu, apres quoy on presse de nouveau ; on recoupe encore une fois, & on presse pour la troisiéme fois, & toutes les liqueurs des differents tours de pressoir se distribuent en pareille quantité dans les tonneaux jusqu'a ce qu'ils soient remplis.

Sur quoy il faut faire attention que la mere goûte est la liqueur la plus legere, la plus delicate, & la moins colorée ; Celle qui provient du premier coup de pressoir est plus moëleuse ; & celle qui sort au second & troisiéme coup de pressoir est plus dure, plus rouge & plus verte ; de sorte que ces trois sorte de qualitéz, se trouvant reünies, rendent un Vin beaucoup meilleur, plus durable, & plus coleré.

Toutes les pieces ou tonneaux étant pleins ; on laisse le bondon ouvert, & le Vin en fureur se tremousse & s'agite de telle sorte qu'il repand dans le cellier des esprits capables d'enyvrer, & qui sont dans un tel mouvement, qu'une chandelle allumée, qn'on y porte, s'y eteint sur le champ ; Et que si on met de ce Vin dans un essay & qu'on le secoüe un peu avec la main dont l'on bouche le goulet avec le pouce, l'essay se brisera en mille pieces & fera eclater ses têts de toute part.

On apelle essay en Bourgogne une petite bouteille ronde en long de trois a quatre

pouces

pouces ſur deux de circonference, qui ſe rétréciſſant tout a coup dans le haut pour former un petit goulet, ouvre un petit rebord pour recevoir le Vin & le bouchon.

Le vin ayant jetté ſon feu & ſa mouſſe hors des tonneaux, huit jours aprés, on les remplit, & on les bouche avec une feüille de Vigne qu'on étend ſur la bonde, & crainte que les vapeurs du Vin ne derangent cette feüille de ſa place, on y met une petite pierre par deſſus pour l'aſſurer ; parceque ſi on y mettoit le ſceau, ou bondon le Vin n'ayant pas d'air pouſſeroit dehors les fonds des tonneaux. Cinq ou ſix jours aprés on les ſcêlle, & auprés de la bonde on donne un coup de forêt, & on bouche le troû que le ſorêt a fait dans le tonneau avec un petit morceau de bois rond & pointu, que l'on nomme faucet, & que l'on ote de tems en temps pour laiſſer evaporer les eſprits, precaution qui empeche que le Vin ne briſe les poinçons.

C'eſt en ce tems que l'on voit a Beaune des marchands de tous les coins de l'Europe, qui viennent retenir les meilleures cuvèes pour les Roix, les Princes, & pour tous les Seigneurs.

Les Commiſſionaires & leurs Gourmets font les epreuves des Vins, quoiqu'ils ne ſoient pas encore potables. Les commiſſionaires ſont des Entremetteurs publiques a

qui

qui s'adreſſent ou par lettres, ou en perſonnes, tous ceux qui veulent avoir du Vin de Bourgogne; ce ſont de connoiſſeurs qui d'ancienneté, & de pére en fils ont des experiences certaines de toutes les cuvées, qui connoiſſent les climats, les clôs, & les cantons dont ils ſont tirés, & tous les bons celliers; auxquels il ſuffit d'ecrire quelle quantité de Vin on deſire d'avoir, & de quelle qualité, & canton l'on veut qu'il ſoit, pourvû qu'on leurs faſſe tenir l'argent de l'achat du Vin dans l'eſpace de l'année courante, on eſt ſur d'être bien ſervi.

Ces Courtiers ayant recû toutes les commiſſions des particuliers vont chéz les Bourgeois remplir des eſſays des differentes cuvées qu'ils trouvent dans les bons celliers, avec des étiquettes qu'ils attachent aux goulets de chaque petite bouteille, où le nom de la cuvée avec la quantité de pieces de Vin qu'elle contient eſt ecrit; Ils les emportent dans leurs maiſons, & les laiſſent debouchés; Ils les examinent, & les ſuivent de prés, & dans les differents changements de goût & de couleur, ils voyent les couleurs & les qualitéz futures des Vins qui ſont dans les tonneaux, dont ces eſſays ſont extraits. Ils font encore un autre épreuve avec le Vin qui eſt dans ces eſſays; Ils prennent des verres, ſur leſquels ils mettent du papier broüillard qu'ils y etendent, & qui deborde des verres, ils y appuient

puient le doigt pour y faire une concavité; qui puisse contenir la quatriéme partie d'un verre de Vin ; la liqueur passe petit a petit, & se filtre a travers ce papier, & coule goûte a goûte d'une maniere imperceptible dans le verre qui la recoit : a la vüe du Vin qui a passé par ce papier ils tirent des conjectures solides, fondées sur une longue experience, touchant la destinée du gout, de la couleur, & de la durée de cette même couleur des Vins qu'ils éprouvent.

Les Commissionnaires ayant fait leurs achats suivant les ordres qu'ils ont recûs des Seigneurs & des marchands, ils se disposent a les envoyer a leur destination ; & pour le prix de l'achat ils ne peuvent tromper personne sans courir de grands risques : car s'ils faisoient payer les Vins a ceux auxquels ils les envoyent plus cher qu'ils ne les ont achetés dans les celliers, ils s'exposeroient a être pendus sans remission par arrest du Parlement de Bourgogne, qui à fait une loy pour assurer la fidelité du commerce des Vins, qui porte que les Commissionnaires prendront un sol pour livre jusqu'a la concurrence de soixante livres, & sur l'excedent de cette somme ils ne pourront prendre que six deniers par livre : Ainsi un particulier, qui auroit recû pour six cens livres de Vin argent de France, payeroit trois livres au Commissionnaire qui le luy auroit envoyé sur soixante livres : Et ſur les cinq cens quarante qui luy reſteroient a payer le Commiſſionnaire ne luy pourroit demander que ſix deniers par livre, ce qui feroit la ſomme de douze livres dix ſoûs, qui joints aux trois livres cy-deſſus composeroient la ſomme de quinze livres dix ſoûs : Somme qui reviendroit a douze, ou treize ſchelins ſuivant le change, & moyennant ce petit benefice, le Commiſſionnaire eſt obligé d'avancer ſon argent aux Bourgeois, dont il a acheté les Vins, & cela même quand il ne recevroit pas le payement des particuliers, auxquels il les auroit envoyés ; comme cela arrive quelquefois. Et le Commiſſionnaire qui ſeroit convaincû d'avoir pris un benefice plus conſiderable, ſoit par ſes livres, ſoit par d'autres preûves, ſeroit puni de mort comme je l'ay dis cy-deſſus.

Les Commiſſionaires ayant achetés & éprouvés leurs Vins ſuivant les ordres qu'ils ont recûs, ils font relier de cerceaux tout neufs les tonneaux, y font mettre des barres environnées de chevilles de bois de tremble ; Et y font apliquer la marque a feu de la ville ; car il faut remarquer, qu'une autre contrée que Beaune n'a droit d'imiter, ny de contrefaire ſon reliage, & que pour plus grande ſureté, on applique ſur chaque futaille la marque a feu qui eſt un B. couronné de la hauteur de deux pouces avec le chifre de l'année pendant laquelle le les futailles ſont ſorties de Beaune pour aller ailleurs.

Telles ſont les precautions que l'on prend a Beaune, pour que les Vins qui en proviennent ne puiſſent pas être méconnus: Precaution d'ailleurs peu néceſſaire, puiſqu'ils ſe manifeſtent ſi fort par leur delicateſſe & leur ſuperiorité ſur tous les autres Vins de l'univers ; ils ſont d'ailleurs très bienfaiſants, & propres a retablir, & a conſerver la Santé : ſurpaſſant en cela les Vins de Champagne qui flattent le goût, & qui gratent le palais ; mais qui affoibliſſent, extenuent, enervent & émouſſent, pour ainſi dire, les corps les plus ſains, & qui même, ſuivant la triſte experience que l'on en fait & les diſſertations ſavantes que j'en ay luës, engendrent la gravelle,l a goûte, & la pierre.

Apres avoir raporté quelle eſt la ſituation de la ville de Beaune & des collines qui produiſent les Vins de Bourgogne ; après avoir dit la maniere de cultiver les Vignes, de faire le Vin, de l'éprouver, de le choiſir, & de l'acheter ; il faut préſentement expliquer les differentes qualitez des Vins que produiſent ces divers côteaux ; & pour cela je diviſerai ce qui ſuit en trois petits articles ; Je parlerai dans le premier des Vins de primeur ; dans le ſecond des Vins de garde ; & dans le troiſiéme enfin je parlerai des Vins blancs & je finirai en inſtruiſant des manieres differentes, dont on pourroit se servlr pour faire venir a Londres les Vins de Bourgogue, & j'appendrai a combien pourroit revenir le Vin de Beaune par bouteilles rendû a Londres.

ARTICLE PREMIER
DES
VINS DE PRIMEUR.

ON apelle Vin de Primeur celuy qui ne dure qu'une année, ou qui peut se conserver pendant quelques mois dans sa seconde année.

Le premier Vin de Primeur crôit a Volnet qui est un village situé a trois mille de Beaune sur le penchant d'un mil de hauteur au moins, & de deux mille détendüe du côté qui est exposé au soleil levant ; Ce village aussi bien que Pomard reléve de la ville de Beaune, puisque ses Citoyens en sont Seigneurs, c'est pourquoy j'ai dit cydessus que ces deux vignobles étoient obligés de recevoir la loy pour les vandanges de la part des Magistrats & des prud'hommes nommés a cet examen.

Ce côteau produit le plus fin, le plus vif, & le plus delicat Vin de Bourgogne ; les grap-

grappes des Vignes de Volnet ſont très petites, auſſi bien que le grain, ſes ſarments ne s'elévent gueres plus haut de trois pieds dans toute l'année ; les raiſins y ſont ſi delicats qu'ils ne peuvent ſouffrir la cuve plus de douze a ſeize ou dix huit heures, parceque ſi on les y laiſſoit plus long tems, ils prendroient le goût du ſarment où de la grape a laquelle les grains ſont attachés.

Ce Vin eſt de couleur un tant ſoit peu plus qu'oeil de perdrix, il eſt plein de feu, de montant, & de legereté ; il eſt preſque tout eſprit ; il eſt enfin le plus excellent de toute la Bourgogne, qui acauſe de ſa violence n'eſt pas de commerce, mais auſſi l'ivreſſe en eſt elle bientôt diſſipée : La durée de ce vin eſt d'une vandange a l'autre, encore pèrit il au commencement de la canicule ; après quoy il change de couleur, & ſe tourne ; je ne doute cependant pas qu'il ne durât d'avantage dans des caves très fraiches. Les plus fines cuvées ſe tirent d'un canton de Vignes qu'on apelle Champan.

Pomard eſt le ſecond vignoble de Primeur, il eſt ſitué entre Volnet & Beaune, un peu moins élevé que le premier, & un peu plus haut que la ville de Beaune : Il produit un Vin qui a un peu plus de corps que le précedent ; il eſt de couleur de feu, il à beaucoup de parfum, & de Baûme, il dure quelques mois plus que le Volnet, il eſt plus de commerce & meilleur pour la Santé, ſi on le garde plus d'un an il s'engraiſſe, il file, il s'uſe & devient de la couleur de peau d'oignon ; la meilleure cuvée eſt la Commaraine ; Il peut durer quelquefois dix huit mois & c'eſt ſuivant les années.

La ville de Beaune contient un vignoble fort conſiderable & trés étendû ; il comprend ſeul quatre collines, qui portent bien quatre mille de longueur depuis Pomard juſqu'a Savigny. La premiere des collines s'apelle St. Deſiré, la ſeconde la Montée ronge, la troiſiéme les Gréves, & la quatriéme la Fontaine de Marconney. Ces differents terroirs produiſent des Vins, qui participent du Volnet, & du Pomard, ſans en avoir les défauts ; ils ont un peu plus de couleur, beaucoup de bonnes qualitez, & de durée. Les Vins de Beaune durent les uns plns les autres moins : mais ils ne paſſent pas deux ans. Ils ſont plus ſuaves, plus agreables, & plus de commerce que les deux précedents, & beaucoup plus profitables a la ſanté ; la couleur de de ces Vins n'eſt pas égalle, par ce qu'elle depend de la façon de faire le Vin, on luy donne plus ou moins d'heures de cuve ſuivant le climat plus ou moins délicat dont il eſt tiré ; il y a dans ces quatre collines quelques cantons renfermés qui ſont en grande reputation ; les féves, les cras, les gréves, les clôs du Roy en ſont les plus delicieux.

Alôſſe eſt le quatriéme vignoble de Vin de primeur ; il eſt ſitué ſur le penchant

d'une

d'une colline a trois mille de Beaune ; cette vallée eſt une pente ſi douce qu'apeine s'aperçoit-on de monter, lorſqu'on va du bas en haut : Ce petit village produit des Vins d'une extrême delicateſſe ; ils ſont moins vifs que les précedents, mais d'un goût plus flatteur & plus rapellant ; la couleur eſt un peu plus douce, & moins petillante, mais belle ; & comme la colline qui produit ce Vin eſt trop peu élevée & trop en pente, il ne participe ny du Ferme ny du Roide que donne aux Vins le haut des collines, il en a tout le Tendre, rien du Dur, & par conſequent il eſt ſujet a durer très peu, a s'engraiſſer, & a prendre une mauvaiſe qualité de douceur ; cependant on l'envoye dans les païs étrangers : mais il demande bien du choix & du diſcernement.

Pernand qui eſt entre ce dernier vignoble & le grand vignoble de Savigny eſt plus étendû, mais d'nn ſi petit raport que ſes Vins en ſont plus friands ; ils ſont de la qualité du vignoble précedent a cela près qu'ils ont plus de Dur & de Ferme ; parce qu'ils ſont produis ſur une colline plus élevée & fort rapide ; il y a quelques cuvées delicieuſes, & ces Vins vont dans les païs étrangers, mais ſous le nom de Vin de Beaune.

Chaſſagne eſt un vignoble qui n'eſt pas fort conſidérable par ſon étenduë, mais qui l'eſt beaucoup par la grande réputation de ſes Vins ; ce ſeroit a mon gré le Vin qui conviendroit le plus a l'Angleterre, parce qu'il ſoutiendroit mieux les voyages & de terre, & de mer. Il eſt extrêmement violent, plein de feu, fumeux ; il a ordinairement du verd, qui le rend plus durable que les autres ; mais quand on ſçait l'attendre & le tirer en bouteilles dans ſa ſaiſon, & le boire quand ſa verdeur commence a tomber, c'eſt un des plus grands Vins du monde : & ſi j'avois une proviſion a faire pour le Roy, j'irois en Bourgogne luy choiſir & trier du Vin de ce climat, je ſerois ſur de ſa reüſſite : c'eſt le ſeul qu'on puiſſe laiſſer en bouteilles ſans craindre qu'il s'engraiſſe, qu'il change de couleur, qu'il aigriſſe, oû qu'il tourne ; plus il vâ en avant, plus il s'embaûme & ſe nourit, ne luy preſcrivés cependant pas des bornes de plus de trois ans de durée ; il veut être bû ſur la fin de ſa ſeconde année, quelquefois il dure quatre ans lorſque la vinée a eté meilleure. Il eſt dans le rang des Vins de primeur quoique ſa durée ſoit plus longue.

Savigny eſt un grand climat entre Beaune & Pernand ſitué dans l'enfoncement que forme la ſeparation de deux petites montagnes : comme les collines qui compoſent ce vignoble ſont ouvertes au ſoleil levant par un grand vüide, & qu'elles ſe referment en ſe raprochant du côté du couchant, elles participent des rayons du ſoleil, d'un

côté

côté de maniere oblique, & de l'autre presqu'a plomb. Ce terroir produit d'excellents Vins veloutez, moëleux, qui ont du corps, & de la delicatesse : Quand ils ont eté tirés en bouteilles, il faut de tems a autre les visiter, crainte d'echaper le tems auquel ils veulent être bûs. Ce vin seroit encore très bon pour l'Angleterre, il dure autant & plus que le chassagne, il n'est pas si delicat ni si vif, mais plus onctueux & très bon pour la santé.

Auxey est a peu près dans une même situation, dans l'enfoncement de deux collines qui s'ouvrent a mulsault, jusqu'a St. Romain ou l'on voit de hautes montagnes courronnées de rochers très élevés. Ce vignoble produit des Vins plus rouges, & plus veloutés que ceux de Savigny ; mais ils n'ont pas la même reputation ; ces Vins-cy ont plus de corps que tous les précedents, & devroient être la boisson de tous les Seigneurs qui voudroient ne pas abreger leurs jours par la boisson de ces Vins fumeux & petillants, dont l'excêst est si dangereux.

ARTICLE SECOND

DES

VINS DE GARDE.

LES Vins de Nuis ſont en grande reputation pour la durée & pour la ſanté.

Nuis eſt une très petite ville a neuf mille de Beaune ſur la route de Dijon ; le Territoire de cette ville porte plus de quatre a cinq mille d'etenduë ; tous les Seigneurs qui aiment plus les boiſſons ſalutaires que les boiſſons plus friandes, font venir des Vins des côteaux de Nuis pour leur Tables. Ces Vins ſont d'abord très rudes, très âſpres, & très verds ; ils veulent être attendus a leur ſeconde, troiſiéme, quatriéme, & cinquiéme feüille ; & alors leur âpreté, & leur dureté étant paſſées, leur verdeur étant tombée, il leur vient en place un parfum & un baûme delicieux ; ils ſont de couleur veloutée, foncée, & cependant nette, & brillante : Loüis XIV. ne bûvoit point d'autre Vin.

Le clôs de Vougeot eſt ſitué a une lieüe de Nuis du côté de Dijon ; il apartient tout entier aux Moines de cette fameuſe Abaije de Citeaux bâtie entre la Saône & cette colline ;

ne ; le Vin qu'il produit aproche plus du Chaſſagne que tout autre, il eſt très excellent, & ſe boit dans les païs étrangers.

Chambertin eſt a mon gré le plus conſiderable Vin de toute la Bourgogne ; il eſt ſitué entre Dijon & Nuis ; il renferme les qualités de tous les autres Vins & n'en a pas les défauts : c'eſt celui là qu'on peut oublier ſans rien craindre ; j'en ay bû ſix ans après l'année qui l'avoit produit, qui tomboit trouble & épais dans le verre, & qui s'éclairciſſoit ſur le champ a nos yeux, & qui prenoit enſuite par le mouvement de ſes eſprits la couleur, la plus vive & la plus nette ; auſſi ſe vend il une fois plus cher que les autres Vins de Bourgogne. Il s'eſt vendû la pénultiéme vandange quarante a quarante deux livres ſterlins ſur le chantier, pendantque les Vins de Volnet, Pomard, & Beaune ne coûtoient que vingt livres ſterlins la queüe, qui contient comme nous l'avons dit, quatre cens quatre vingt pintes de Paris.

AR-

ARTICLE TROISIÉME DES *VINS* BLANCS.

AVANT que de parler du Vin blanc, il eſt a propos de dire, qu'il eſt l'eſpece maſculine des raiſins; c'eſt le ſarment mâle de la Vigne qui le produit. Auſſi a-t-il deux qualitéz que les raiſins d'autre couleur n'ont pas; la prémiére c'eſt que, ſi la vandange eſt tardive, & qu'il vienne des gelées blanches, & même de grand froid, il reſiſte a ces frimats; pendant que les raiſins noirs s'aigriſſent, ſe fanent, & ſe rident dans le même moment.

La ſeconde eſt qu'auſſitot que les raiſins blancs ſont coupés, ils veulent être jettés ſur le preſſoir ſans entrer dans la cuve, & ſans être foulés comme les raiſins noirs: Car ſi on les y mettoit ils ne rendroient plus qu'une liqueur livide, rouſſe, & jaunâtre: voila ce dont j'ay crû devoir avertir le public.

Mulſant eſt après Beaune & Nuis le plus grand vignoble de Bourgogne par ſon étendüe; ſes Vins ſont géneralement connûs en Allemagne, dans les Païsbas, & par toute

toute la France ; je ne ſçay s'ils le ſont en Angleterre ; les Vins que ce terroir produit, ſurtout dans les années chaudes & ſêches, ſont delicieux, petillants, agreables, chauds, & bien-faiſants ; ils ne ſont pas chers, & s'ils étoient bien choiſis ils feroient honneur a l'Angleterre, & plaiſir a ceux qui les boiroient ; Quand on les garde plus d'un an & demi quelque fois ils jaûniſſent & aigriſſent.

Puligny eſt un vignoble attenant Mulſault, mais beaucoup plus dans la plaine, qui produit de très bons Vins blancs ; ils ſont a peu près de la même qualité que les Vins de Mulſault, mais leur renommée n'eſt pas divulguée, & ce nom eſt preſqu'inconnû.

Aloſſe dont nous avons parlé dans l'article des Vins de Primeur en produit auſſi d'excellents.

Morachet eſt un petit terroir entre Chaſſagne & Puligny dans la plaine, qui eſt en poſſeſſion d'une veine de terre, qui rend ſon terrein unique dans ſon eſpece ; il produit un vin blanc le plus curieux, & le plus delicieux de France ; il n'y à point de Vin de Côte rotie, ny Muſcat, ny Frontignan qui l'egale : Il en produit une très petite quantité, auſſi ſe vend il très cher ; & pour en avoir une petite portion, il faut s'y prendre une année auparavant ; parceque ce Vin eſt toûjours retenû avant qu'il ſoit fait. Mais il faut bien prendre garde de d'y être trompé, car les vignes Voiſines de ce clôs participent un peu de ſa qualité & paſſent quelquefois pour Morachet : C'eſt pourquoy pour en avoir il faut s'aſſurer d'un fidele correſpondant. Ce Vin a des qualitéz, dont la Langue Latine & la Langue Françoiſe ne peuvent exprimer la douceur ; j'en ay bû de ſix & ſept feüilles dont je ne puis exprimer la delicateſſe & l'excellence.

Je viens de raporter tous les vignobles renommés de la haute Bourgogne ; ceux qui ont paſſé par la grande roûte qui règne depuis Dijon a Lyon le long de ces collines rendront juſtice a mon exactitude, & je prie ceux qui n'y auront pas été de croire que cette relation eſt très conforme a la verité.

J'ay oüy cent fois vanter des Vins de pluſieurs côtes qui ſont auprès d'Auxerre, a qui on donnoit le nom de Vin de Bourgogne ; il eſt vray que ces côteaux ſont en Bourgogne, mais ils ſont éloignés de quatre vingt dix mille des vrays côteaux dont je viens de parler, qui produiſent ſeuls ces Vins de Bourgogne qui ſont en réputation, & qui ſe boivent de deux façons, par le nêz & par la bouche ou tout a la fois ou ſeparément ; tout a la fois : puiſque quand on les boit le plaiſir qu'ils font a l'odorat le diſpute a celuy que ſavoûre la langue & le palais ; ſeparément : puiſque pour peu qu'on ait d'experience d'en boire on ſent a la

douce

douce vapeur qui en sort s'ils sont de la vraye Bourgogne où non. Les bons gourmets le goûtent par le nêz avant que d'en mettre dans leurs bouche ; & tous les autres climats de Bourgogne comme de Chablis & d'Auxerre n'ont aucune qualité des vrays Vins de Bourgogne, quoiqu'ils y soient veritablement faits & produits.

Il me reste a raporter à present, comment on pourroit faire venir ces Vins en Angleterre ; çà toûjours eté la coûtume de les faire venir de Bourgogne dans leurs futailles ; mais comme la voiture est d'une longue traîte, & qu'il y a quelque fois du risque, parceque les voituriers tant par terre, que par mer ne sont pas toûjours fideles. Quelque precaution qu'on prenne pour les empêcher de boire ce Vin, ils ont des stratagêmes au-dessus des ressources les mieux imaginées. Fait-on embaler les tonneaux dans de la paille & de la toile ? C'est un foible obstacle a leur industrie ; d'ailleurs après cette précaution si les tonneaux venoient a couler par le chemin, ce seroit au peril & a la perte de l'acheteur. Fait' on mettre ces Vins en double futaille ? cette précaution n'a pas plus de succês que la précedente, & est exposée aux même risque ; & des futailles en vuidanges font un grand tort a des Vins délicats ; parceque cela donne carriere aux esprits de s'evaporer, & par conséquent cela cause be-

beaucoup de diminution a la qualité du Vin.

Il faudroit les faire venir en bouteilles de Beaune même jusqu'a Londres ; on s'adresseroit pour cela a quelques commissionnaires qui acheteroient des Vins suivant les ordres des Seigneurs, & qui les tireroient en Bouteilles, & qui les envoyeroient dans des quaisses en Angleterre. Ces quaisses pleines de Bouteilles n'auroient que quatre vingt dix mille de chemin par terre pour aller jusqu'a Auxerre, là on les embarqueroit sur la riviere d'Yone qui se jette dans la Seine & de la à Paris & ensuitte a Rouën ; où il y a des vaisseaux qui viennent très souvent a Londres.

Si l'on vouloit les faire venir de Beaune a Calais par terre, il seroit aussi aisée ; car il y a des voituriers qui y vont fort souvent, qui pourvû qu'ils trouvassent des quâisses suffisamment pour charger leurs charettes y iroient volontiers.

Les Commissionnaires de Beaune se chargeront avec plaisir de tirer dans leur tems les Vins que les Seigneurs leurs ordonneront d'acheter, pourvû qu'on leurs donne des ordres pour charger une voiture ; c'est pour cela que si un Seigneur vouloit par exemple cinq cens bouteilles de Vin de Volnet, il faudroit qu'il trouva encore un Seigneur qui en voulut cinq cens, ce qui feroit une voiture complette ; & comme le Volnet se tire en bouteilles dés

la

la fin de Decembre, un Seigneur qui voudroit avoir cinq cens bouteilles de Chassagne ou de Nuis, il faudroit qu'il s'associat avec un autre Signeur qui en voudroit pareille quantité; le commissionaire mettroit en bouteille ces Vins un an après leur vandange ou plus, ou moins; & les Seigneurs recevroient de Bourgogne des Vins exquis & delicieux. Et ainsi de tous les autres Vins qu'ils souhaiteroient avoir. Pour ce qui est des prix des Vins de Beaune, Volnet, Pomard, Chassagne, Nuis, ils sont a peuprès du même prix, ou du moins la difference n'en est pas bien grande. La queüe de Vin de Volnet contenant quatre cens quatre vingt pintes de Paris qui font bien cinq cens bouteilles, ne coute certaines années dans le païs que dix, douze, quatorze, dix huit, & tout au plus vingt livres sterlings: La voiture pourroit couter jusqu'a Calais douze a treize livres sterlings & depuis Calais jusqu'a Londres très peu de chose; de sorte que chaque année l'une portant l'autre le plus cher Vin de Bourgogne, excepté celuy de chambertin qui est plus cher, ne reviendroit gueres rendû a Londres qu'a qurtorze ou quinze sols la bouteille, l'entrée n'y étant pas comprise.

Les noms les plus connûs des Commissionnaires de Beaune sont GOMBAULT, MILON, LOPIN, &c.

Leur adresse est a MONSIEUR——— Marchand Commissionnaire

BOURGOGNE a *BEAUNE.*

A LA GLOIRE DE GEORGE I. ET DE LA NATION ANGLOISE

ODE.

DOCTE Clio, si tu m'inspires
Dans ce sejour de Liberté,
Dicte moy plutôt des Sartires,
Que de trahir la Verité.
Loin tout encens. La Flatterie
Sçait masquer une Ame fletrie,
Mais le Vrai seul plait aux ANGLOIS;

Si tu n'en remplis cet Ouvrage,
Tes vers leurs seront un outrage,
Ils n'ecouteront point ta Voix.

Je vais chanter : c'est l'harmonie
D'un puissant Peuple avec son ROY.
Double Force toujours unie,
Ta Régle commune est la Loy.
Le but de cette Politique
De l'Etat est le bien unique,
Tout autre objet en est proscrit :
Les Enfants nés en cette Plage
Portent cette Maxime Sage
Empreinte au coeur & dans l'esprit.

Un Empire si doux si Sage
Donne a l'ANGLOIS des Citoyens,
Qui, connoissants leur Esclavage
Y portent leur corps & leurs biens.
Est il Nation si feconde
Dans toute la Machine ronde
En Richesse, en Science, en Arts ?
Les mers environnent le Monde,
L'ANGLOIS est le maitre de l'Onde,
Donc il est ROY de toutes parts.

Veut' on attaquer sa Puissance ?
La Sagacitê de son ROY,
Dont rien n'echape a la Prudence
Chez l'Ennemy porte l'effroy.
De Moscoû la flotte tremblante
Est sur son rivage flottante

N'osant

N'osant courir ses propres mers.
L'ANGLOIS paroit : mais a ta honte ;
Reste, dit-il, & rends Moy compte,
Dis, quels sont tes desseins pervers ?

Souleves-tu l'Enfer la Terre,
Pontife superstitieux,
Pour envoyer a l'Angleterre
Ton Pensionnaire onereux ?
Contre la puissante Bretagne
Envain Tu seduis l'Allemagne,
Le Moscovite, & l'Espagnol ;
Les Roix connoissent la Folie
De se soumettre a l'Italie,
Qui règne sur Eux par le Dol.

Cet usurpateur de Couronne,
Dont la fraude attaque les Roix,
Arme la Discorde, & Bellone,
Pour Te ramener sous ses Loix :
GEORGE ne connoit point de Maitre ;
Il abât quiconque veut l'être ;
Il tient sa Puissance des Cieux.
Quoy ! ce supost de Jesuïtes,
Tyran d'Hommes & de Levites,
Pense a reconquérir ces Lieux !

Mais ta Politique infernale,
Sur nos eternels monuments,
Est a Londre un présent scandale,
Que n'effaceront pas les temps.
L'instant, que ton Règne s'eclipse,
Trop marqué dans l'Apocalipse,

Est a ta honte bien prochain ;
Oüy : L'heure arrive que tout homme
Doit par la ruïne de Rome
Rendre son salut plus certain.

Voy cette Phalange Espagnole,
Qui met en Toy tous ses plaisirs,
Qui craint ta foudre & ton Idole,
Tacher d'assouvir tes Desirs.
Que de Pardon ! Que d'Indulgence
Pleuvront sur Elle en recompense
D'avoir assiegé Gibraltar !
De l'Ocean fais sécher l'onde,
Où fais surseoir la fin du Monde,
Pour qu'elle en sappe le rempart !

Peuple, qui se perds dans les Nuës,
Songe a tirer de l'Occident
Tant de richesses detenuës
Pour en richir ton Continent.
Tes Galions jamais du Tage
Ne pourront revoir le rivage,
Si GEORGE *est toujours irrité ;*
Si Tu n'appaises sa Colere,
Tes efforts sont une chimere,
Tous tes Projets sont Vanité.

Icy de GEORGE *on craint les Armes,*
On cherche là son Union :
Et L'ANGLOIS trouve en Luy des char-[mes
Qu'il signale en l'occasion.
Ouy : Cette Nation si fiere,
Ce Parlement, cette Lumiere

Remet

Remet en ses mains son Destin;
On sçait qu'il est moins ROY *que* PERE,
Que sous son Règne tout prospere,
Et que, d'étre aimé, c'est sa Fin.

Muse, une plume plus habile
Doit Louër un si Grand Heros,
Son Eloge est trop difficile,
Finis ta Chanson en deux mots.
Chante ce Peuple, qui s'empresse
A faire au PRINCE *a la* PRINCESSE
En eclatant avœu d'Amour:
Dis, qu'il semble par represailles,
*Que l'*ANGLOIS *sort de leurs entrailles*
Tant ils ont pour Luy de retour.

Cette Ode a été composée un mois avant la Mort du ROY *GEORGE*. Il faut avoir attention a la conjoncture des affaires de ce tems pour la bien comprendre.

www.ingramcontent.com/pod-product-compliance
Ingram Content Group UK Ltd.
Pitfield, Milton Keynes, MK11 3LW, UK
UKHW020347250726
13967UKWH00005B/2156